14831

MOUVEMENTS RELATIFS

D'UN

SYSTÈME DE CORPS.

THÈSE DE MÉCANIQUE

PRÉSENTÉE A LA FACULTÉ DES SCIENCES DE PARIS,

Par G. GASCHEAU,

AGRÉGÉ DE L'UNIVERSITÉ.

PARIS,

IMPRIMERIE DE BACHELIER,

RUE DU JARDINET, 12.

1843.

ACADÉMIE DE PARIS.

FACULTÉ DES SCIENCES.

MM DUMAS, doyen,
    LACROIX,
    FRANCOEUR,
    GEOFFROY SAINT-HILAIRE,
    MIRBEL,
    POUILLET,   professeurs.
    PONCELET,
    LIBRI,
    STURM,
    DELAFOSSE,

    DE BLAINVILLE,
    CONSTANT PREVOST,
    AUGUSTE SAINT-HILAIRE,   professeurs-adjoints.
    DESPRETZ,
    BALARD,

    LEFÉBURE DE FOURCY,
    DUHAMEL,
    MASSON,
    PÉLIGOT,   agrégés.
    MILNE EDWARDS,
    DE JUSSIEU,

    PAYEN,
    LAURENT,   suppléans.

THÈSE DE MÉCANIQUE.

MOUVEMENTS RELATIFS

D'UN

SYSTÈME DE CORPS.

CHAPITRE Ier. — THÉORIE DU MOUVEMENT RELATIF.

Des masses ou points matériels, sollicités par des forces accéléra-
trices données, sont entraînés dans un mouvement commun dont la
loi connue est entièrement indépendante de celle qui régirait le mouvement produit par les seules forces appliquées à ces corps.

Ainsi, dans un tel système, chaque mobile peut être considéré
comme soumis à deux actions différentes, puisque sa position et sa
vitesse à un instant donné dépendent de la force particulière qui l'a-
nime et du mouvement général auquel il participe. Or, la nature de
ce mouvement étant connue, on pourrait exprimer l'état du système
qui en résulterait, s'il existait seul, par des relations entre les coordonnées des mobiles et le temps; si l'on remplaçait ensuite ces conditions par des forces appliquées aux différents corps, forces dont
les composantes seraient proportionnelles aux premières dérivées de
fonctions connues, on aurait tous les éléments nécessaires pour former les équations différentielles du mouvement de ces corps. Mais,
puisque le mouvement commun est déterminé, il suffirait de savoir
assigner, à chaque instant, les positions des mobiles par rapport à

des objets animés de ce seul mouvement, pour que le mouvement absolu du système dans l'espace fût entièrement connu; et, par conséquent, il deviendrait inutile d'établir et de résoudre les équations différentielles mentionnées ci-dessus.

Pour traiter ainsi ce genre de questions, on considérera trois axes rectangulaires entraînés dans le mouvement commun dont il s'agit. On entendra par *mouvement relatif, vitesse relative, trajectoire relative*, etc., tout ce qui concerne les changements de position que chaque mobile subit par rapport à ces axes supposés fixes; et par *mouvement d'entraînement, vitesse d'entraînement*, etc., tout ce qui se rapporte au seul mouvement des axes coordonnés : ces dernières choses sont données; les premières dépendent de celles-ci, des forces appliquées aux mobiles, de leurs liaisons, etc.; et, quand elles seront trouvées, le problème du mouvement absolu du système sera résolu.

M. Coriolis a donné, dans les XXIe et XXIVe cahiers du *Journal de l'École Polytechnique*, les équations différentielles qui renferment la solution des problèmes de mouvement relatif; je me propose d'établir ici ces équations par une marche un peu différente de celle de l'auteur, et de présenter quelques applications de cette théorie, qui rentre dans les questions de mécanique où les corps sont assujettis à des relations qui contiennent le temps explicitement. On sait qu'alors le principe de *la conservation des forces vives* n'a pas lieu : mais nous verrons que l'équation fournie par ce principe, dans les questions auxquelles il s'applique, est remplacée ici par une formule qui donne l'expression *des forces vives relatives*.

1. *Données et notations*.

Soient, après le temps t,

Ox, Oy, Oz, les positions des axes mobiles rapportés aux axes fixes

O_1x_1, O_1y_1, O_1z_1, rectangulaires comme les premiers;

ξ, η, ζ, les coordonnées de l'origine mobile O par rapport aux axes fixes.

a, b, c, les cosinus des inclinaisons de l'axe fixe O_1x_1 sur les axes mobiles Ox, Oy, Oz;

a', b', c', les cosinus des inclinaisons de l'axe O_1y_1 sur, etc.;

a'', b'', c'', les cosinus des inclinaisons de l'axe O_1z_1 sur, etc.;

p, q, r, les trois composantes de la vitesse angulaire d'un point lié aux axes mobiles, considéré comme tournant autour de l'origine O, sans tenir compte du mouvement de cette origine;

x, y, z, les coordonnées du lieu de l'un des mobiles m par rapport aux axes mobiles;

x_1, y_1, z_1, les coordonnées du même point par rapport aux axes fixes.

Ces quantités sont liées par les relations

$$(1) \begin{cases} x_1 = \xi + ax + by + cz, & x = a(x_1 - \xi) + a'(y_1 - \eta) + a''(z_1 - \zeta), \\ y_1 = \eta + a'x + b'y + c'z, & y = b(x_1 - \xi) + b'(y_1 - \eta) + b''(z_1 - \zeta), \\ z_1 = \zeta + a''x + b''y + c''z, & z = c(x_1 - \xi) + c'(y_1 - \eta) + c''(z_1 - \zeta); \end{cases}$$

$$(2) \begin{cases} a^2 + b^2 + c^2 = 1, & a'^2 + b'^2 + c'^2 = 1, & a''^2 + b''^2 + c''^2 = 1, \\ aa' + bb' + cc' = 0, & aa'' + bb'' + cc'' = 0, & a'a'' + b'b'' + c'c'' = 0; \end{cases}$$

$$(3) \begin{cases} a^2 + a'^2 + a''^2 = 1, & b^2 + b'^2 + b''^2 = 1, & c^2 + c'^2 + c''^2 = 1, \\ ab + a'b' + a''b'' = 0, & ac + a'c' + a''c'' = 0, & bc + b'c' + b''c'' = 0; \end{cases}$$

$$(4) \begin{cases} b\dfrac{da}{dt} + b'\dfrac{da'}{dt} + b''\dfrac{da''}{dt} = -\left(a\dfrac{db}{dt} + a'\dfrac{db'}{dt} + a''\dfrac{db''}{dt} \right) = r, \\[2mm] a\dfrac{dc}{dt} + a'\dfrac{dc'}{dt} + a''\dfrac{dc''}{dt} = -\left(c\dfrac{da}{dt} + c'\dfrac{da'}{dt} + c''\dfrac{da''}{dt} \right) = q, \\[2mm] c\dfrac{db}{dt} + c'\dfrac{db'}{dt} + c''\dfrac{db''}{dt} = -\left(b\dfrac{dc}{dt} + b'\dfrac{dc'}{dt} + b''\dfrac{dc''}{dt} \right) = p; \end{cases}$$

$$\begin{cases} \dfrac{da^2 + da'^2 + da''^2}{dt^2} = -\dfrac{ad^2a + a'd^2a' + a''d^2a''}{dt^2} = q^2 + r^2, \\[2mm] \dfrac{db^2 + db'^2 + db''^2}{dt^2} = -\dfrac{bd^2b + b'd^2b' + b''d^2b''}{dt^2} = p^2 + r^2, \\[2mm] \dfrac{dc^2 + dc'^2 + dc''^2}{dt^2} = -\dfrac{cd^2c + c'd^2c' + c''d^2c''}{dt^2} = p^2 + q^2; \end{cases}$$

$$\left\{ \begin{array}{l} \dfrac{da\,db + da'db' + da''db''}{dt^2} = -pq, \\[2mm] \dfrac{da\,dc + da'dc' + da''dc''}{dt^2} = -pr, \\[2mm] \dfrac{db\,dc + db'dc' + db''dc''}{dt^2} = -qr; \end{array} \right.$$

$$(7)\left\{ \begin{array}{ll} \dfrac{bd^2a + b'd^2a' + b''d^2a''}{dt^2} = pq + \dfrac{dr}{dt}, & \dfrac{ad^2b + a'd^2b' + a''d^2b''}{dt^2} = pq - \dfrac{dr}{dt}, \\[2mm] \dfrac{ad^2c + a'd^2c' + a''d^2c''}{dt^2} = pr + \dfrac{dq}{dt}, & \dfrac{cd^2a + c'd^2a' + c''d^2a''}{dt^2} = pr - \dfrac{dq}{dt}, \\[2mm] \dfrac{cd^2b + c'd^2b' + c''d^2b''}{dt^2} = qr + \dfrac{dp}{dt}, & \dfrac{bd^2c + b'd^2c' + b''d^2c''}{dt^2} = qr - \dfrac{dp}{dt}. \end{array} \right.$$

Nous supposerons que toutes les conditions auxquelles le système est assujetti sont susceptibles d'être exprimées en fonction des coordonnées des points matériels rapportés aux axes mobiles, et que la variable indépendante t n'y entre pas explicitement. Ainsi, $L = o$ étant une de ces équations qui contient les coordonnées x, y, z, x',..., on aura, en différentiant totalement cette équation,

$$(8) \qquad \frac{dL}{dx}\,dx + \frac{dL}{dy}\,dy + \frac{dL}{dz}\,dz + \frac{dL}{dx'}\,dx' + \ldots = o.$$

et les autres équations qui expriment les liaisons du système donneront des résultats analogues.

2 Forces extérieures.

Soient X, Y, Z les composantes, parallèles aux axes mobiles, de la force qui sollicite le mobile m, et X_1, Y_1, Z_1 les composantes de la même force dans le sens des axes fixes. Ces quantités sont liées par les relations suivantes, analogues aux équations (1) :

$$(9)\left\{ \begin{array}{lll} X_1 = aX + bY + cZ, & Y_1 = a'X + b'Y + c'Z, & Z_1 = a''X + b''Y + c''Z, \\ X = aX_1 + a'Y_1 + a''Z_1, & Y = bX_1 + b'Y_1 + b''Z_1, & Z = cX_1 + c'Y_1 + c''Z_1. \end{array} \right.$$

3. Forces provenant des liaisons.

On peut faire abstraction de la condition $L = o$, à laquelle sont assujetties les coordonnées du point matériel m, pourvu qu'on lui applique une force dont les composantes parallèles aux axes mobiles sont

$$(10) \qquad \lambda \frac{d\mathrm{L}}{dx}, \qquad \lambda \frac{d\mathrm{L}}{dy}, \qquad \lambda \frac{d\mathrm{L}}{dz},$$

λ étant un multiplicateur inconnu. En remplaçant de la même manière, par une force, chacune des autres conditions renfermant les coordonnées de m, on pourra regarder ce mobile comme libre; et il en sera de même des autres corps du système dont les coordonnées entreront dans les équations analogues à $\mathrm{L} = 0$.

Au moyen des formules (9) on pourra exprimer les composantes, par rapport aux axes fixes, des forces dont on vient d'obtenir les composantes parallèles aux axes mobiles.

4. Forces d'entraînement.

Considérons maintenant le mobile m comme invariablement lié aux axes mobiles, et par conséquent animé du seul mouvement d'entraînement. Soient x, y, z et x_1, y_1, z_1 ses coordonnées par rapport aux deux systèmes d'axes; de sorte que x, y, z sont invariables, et que les changements de x_1, y_1, z_1 sont dus au seul mouvement des axes Ox, Oy, Oz, c'est-à-dire aux variations qu'éprouvent les quantités $\xi, \eta, \zeta, a, b, c, a', \ldots$. D'après cela, en différentiant deux fois les équations (1), on aura

$$\frac{d^2x_1}{dt^2} = \frac{d^2\xi}{dt^2} + x\frac{d^2a}{dt^2} + y\frac{d^2b}{dt^2} + z\frac{d^2c}{dt^2},$$

$$\frac{d^2y_1}{dt^2} = \frac{d^2\eta}{dt^2} + x\frac{d^2a'}{dt^2} + y\frac{d^2b'}{dt^2} + z\frac{d^2c'}{dt^2},$$

$$\frac{d^2z_1}{dt^2} = \frac{d^2\zeta}{dt^2} + x\frac{d^2a''}{dt^2} + y\frac{d^2b''}{dt^2} + z\frac{d^2c''}{dt^2}.$$

D'après la forme des seconds membres, la force capable du mouvement d'entraînement se décompose en deux: l'une imprimant le mouvement de l'origine O, dont je représenterai les composantes parallèles aux axes fixes par $X'_{1e}, Y'_{1e}, Z'_{1e}$; et l'autre produisant la rotation autour de l'origine dont les composantes seront X_{1e}, Y_{1e}, Z_{1e}. On aura donc

$$\left\{\begin{array}{ll} m\dfrac{d^2\xi}{dt^2}=X'_e, & m\left(x\dfrac{d^2a}{dt^2}+y\dfrac{d^2b}{dt^2}+z\dfrac{d^2c}{dt^2}\right)=X_e, \\[2ex] m\dfrac{d^2\eta}{dt^2}=Y'_e, & m\left(x\dfrac{d^2a'}{dt^2}+y\dfrac{d^2b'}{dt^2}+z\dfrac{d^2c'}{dt^2}\right)=Y_e, \\[2ex] m\dfrac{d^2\zeta}{dt^2}=Z'_e, & m\left(x\dfrac{d^2a''}{dt^2}+y\dfrac{d^2b''}{dt^2}+z\dfrac{d^2c''}{dt^2}\right)=Z_e. \end{array}\right.$$

Les composantes des mêmes forces parallèles aux axes mobiles seront représentées par

$$(12) \qquad\qquad X'_e, \; Y'_e, \; Z'_e \quad \text{et} \quad X_e, \; Y_e, \; Z_e;$$

et ces quantités seront liées aux précédentes par les relations (9). Quand on aura évalué les quantités X_e, Y_e, Z_e au moyen de ces relations, on pourra ensuite les exprimer en fonction des composantes p, q, r de la vitesse angulaire d'entraînement autour de l'origine mobile O. En effet, on a, par les formules (9) et (11),

$$X_e=m\left(\frac{ad^2a+a'd^2a'+a''d^2a''}{dt^2}x+\frac{ad^2b+a'd^2b'+a''d^2b''}{dt^2}y+\frac{ad^2c+a'd^2c'+a''d^2c''}{dt^2}z\right).$$

Au moyen des formules (5) et (7), on chassera de cette expression les cosinus a, b, c, a', . . . et leurs différentielles; d'ailleurs un calcul semblable s'appliquera à l'évaluation de Y_e et de Z_e, et l'on obtiendra ainsi les valeurs suivantes :

$$(13) \quad \left\{\begin{array}{l} X_e=m\left[-(q^2+r^2)\,x+p(qy+rz)+\dfrac{zdq-ydr}{dt}\right], \\[2ex] Y_e=m\left[-(p^2+r^2)\,y+q(px+rz)+\dfrac{xdr-zdp}{dt}\right], \\[2ex] Z_e=m\left[-(p^2+q^2)\,z+r(px+qy)+\dfrac{ydp-xdq}{dt}\right]. \end{array}\right.$$

Nous appellerons *force d'entraînement*, celle dont les composantes sont

$$X_e+X'_e, \; Y_e+Y'_e, \; Z_e+Z'_e;$$

c'est la force qu'il faudrait appliquer au corps m *pour lui imprimer le mouvement qu'il aurait s'il était invariablement lié aux axes mobiles.*

5. *Équations différentielles du mouvement absolu.*

Si l'on regarde maintenant le mobile m comme pouvant participer à tous les mouvements, on obtiendra les équations de son mouvement absolu en égalant le produit de sa masse par l'accroissement de sa vitesse à la résultante des forces mentionnées n^{os} **2** et **3**. Pour écrire ces égalités, nous rapporterons le système aux axes mobiles dans leur position actuelle, et, en ayant égard aux formules (9) qui servent à transformer les expressions des forces, nous aurons

$$(14) \quad \begin{cases} m\left(a\dfrac{d^2x_1}{dt^2} + a'\dfrac{d^2y_1}{dt^2} + a''\dfrac{d^2z_1}{dt^2}\right) = X + \lambda\dfrac{dL}{dx} + \ldots, \\[2mm] m\left(b\dfrac{d^2x_1}{dt^2} + b'\dfrac{d^2y_1}{dt^2} + b''\dfrac{d^2z_1}{dt^2}\right) = Y + \lambda\dfrac{dL}{dy} + \ldots, \\[2mm] m\left(c\dfrac{d^2x_1}{dt^2} + c'\dfrac{d^2y_1}{dt^2} + c''\dfrac{d^2z_1}{dt^2}\right) = Z + \lambda\dfrac{dL}{dz} + \ldots. \end{cases}$$

Le mouvement de chacun des autres corps sera déterminé par trois équations analogues, dans lesquelles les quantités $a, b, c, a', \ldots$ seront les mêmes que celles qui entrent dans les précédentes.

6. *Équations différentielles du mouvement relatif.*

En différentiant deux fois les équations (1) (n° **1**), et en ayant égard aux équations (11), on trouve

$$m\frac{d^2x_1}{dt^2} = X'_{1e} + X_{1e} + m\left(a\,\frac{d^2x}{dt^2} + b\,\frac{d^2y}{dt^2} + c\,\frac{d^2z}{dt^2} + 2\,\frac{da\,dx + db\,dy + dc\,dz}{dt^2}\right),$$

$$m\frac{d^2y_1}{dt^2} = Y'_{1} + Y_{1e} + m\left(a'\,\frac{d^2x}{dt^2} + b'\,\frac{d^2y}{dt^2} + c'\,\frac{d^2z}{dt^2} + 2\,\frac{da'\,dx + db'\,dy + dc'\,dz}{dt^2}\right),$$

$$m\frac{d^2z_1}{dt^2} = Z'_{1} + Z_{1e} + m\left(a''\,\frac{d^2x}{dt^2} + b''\,\frac{d^2x}{dt^2} + c''\,\frac{d^2z}{dt^2} + 2\,\frac{da''\,dx + db''\,dy + dc''\,dz}{dt^2}\right).$$

Si l'on porte ces valeurs dans les équations (14), en tenant compte des équations (1) à (4) et des relations (9) qui lient les valeurs (11) et (12), on trouve, réduction faite,

$$(15) \quad \begin{cases} m\,\dfrac{d^2x}{dt^2} = 2m\left(\dfrac{r^2dy - qdz}{dt}\right) - X'_e - X_e + X + \lambda\dfrac{dL}{dx} + \ldots, \\[2mm] m\,\dfrac{d^2y}{dt^2} = 2m\left(\dfrac{pdz - rdx}{dt}\right) - Y'_e - Y_e + Y + \lambda\dfrac{dL}{dy} + \ldots, \\[2mm] m\,\dfrac{d^2z}{dt^2} = 2m\left(\dfrac{qdx - pdy}{dt}\right) - Z'_e - Z_e + Z + \lambda\dfrac{dL}{dz} + \ldots \end{cases}$$

On conclut de ces formules que, pour établir les équations du mouvement relatif de l'un des corps, il suffit d'y introduire deux nouvelles espèces de forces :

1°. Celle dont les composants sont

$$2m\frac{rdy - qdz}{dt}, \quad 2m\frac{pdz - qdx}{dt}, \quad 2m\frac{qdx - pdy}{dt};$$

2°. Celle dont les composantes sont représentées par

$$- (X'_c + X_e), \quad - (Y'_c + Y_e), \quad - (Z'_c + Z_e).$$

Cette dernière est égale et directement opposée à *la force d'entraînement* (n° 4).

7. *Forces centrifuges composées.*

Cherchons à déterminer la grandeur et la direction de la première des deux forces additionnelles mentionnées ci-dessus. Pour cela, remarquons d'abord que si l'on mène, par l'origine d'un système d'axes rectangulaires, deux droites sur lesquelles on ait porté des longueurs l' et l''; que les coordonnées de leurs extrémités soient x', y', z', et x'', y'', z'', de sorte que l'on ait

$$l'^2 = x'^2 + y'^2 + z'^2, \quad l''^2 = x''^2 + y''^2 + z''^2,$$

l'équation du plan des deux droites l' et l'' sera

$$(y'z'' - z'y'')x + (z'x'' - x'z'')y + (x'y'' - y'z'')z = 0;$$

et l'on aura

$$\cos \overline{l'l''} = \frac{x'x'' + y'y'' + z'z''}{l'l''},$$

d'où

$$l'l'' \sin \overline{l'l''} = \sqrt{(y'z'' - z'y'')^2 + (z'x'' - x'z'')^2 + (x'y'' - y'x'')^2}.$$

Si, dans ces formules, on remplace x', y', z', par $2m\frac{dx}{dt}$, $2m\frac{dy}{dt}$, $2m\frac{dz}{dt}$, et x'', y'', z'', par p, q, r, on arrive aux conséquences suivantes :

Par un point quelconque menez une droite représentant, en direction et en grandeur, le double de la vitesse relative du mobile multipliée par sa masse; par le même point, menez une parallèle à

*l'axe instantané sur laquelle vous porterez une longueur représen-
tant la vitesse angulaire autour de cet axe, ou $\sqrt{p^2 + q^2 + r^2}$. La
force en question sera dirigée perpendiculairement au plan de ces
deux droites, et elle sera égale au double de la vitesse angulaire
multipliée par la quantité de mouvement due à la vitesse relative
projetée dans un plan perpendiculaire à l'axe instantané.*

Si l'on appelle $d\tau$ l'angle de contingence de la trajectoire d'un
mobile, sa force centrifuge sera exprimée par $\frac{d\tau}{dt} \cdot mv$. La quantité $\frac{d\tau}{dt}$
n'est autre que la vitesse angulaire du mobile autour d'un axe de ro-
tation dirigé suivant la perpendiculaire au plan osculateur de la trajectoire menée par le centre de courbure. Le second facteur mv exprime la quantité de mouvement, et par conséquent il représente
aussi la projection de cette force dans un plan perpendiculaire à
l'axe de rotation, puisque la vitesse suivant la tangente est dirigée
dans le plan osculateur. D'après cette remarque, il est facile de sai-
sir l'analogie qui existe entre la force centrifuge ordinaire et la première de celles qui entrent dans les équations (15), dont on vient
d'obtenir l'expression. A cause de cette analogie, M. Coriolis donne
a cette nouvelle force le nom de *force centrifuge composée*.

8. *Equation des forces vives du mouvement relatif.*

Supposons que l'on ait écrit toutes les équations analogues aux
équations (15), pour les différents points matériels du système; mul-
tiplions chacune d'elles par la différentielle première de la variable
qui entre dans le premier membre: nous trouverons, en ajoutant les
produits, et en ayant égard aux équations (8),

$$(16) \quad \begin{cases} \dfrac{1}{2} \sum md \left(\dfrac{dx^2 + dy^2 + dz^2}{dt^2} \right) = \sum (X dx + Y dy + Z dz) \\ \qquad - \sum [(X'_r + X_e) dx + (Y'_r + Y_e) dy + (Z'_r + Z_e) dz]. \end{cases}$$

On conclut de là que *pour former l'équation des forces vives dans le
mouvement relatif, il suffit d'ajouter aux forces extérieures des
forces égales et directement opposées à celles qui devraient solliciter*

2.

chaque corps pour lui faire prendre le mouvement qu'il aurait s'il était invariablement lié aux axes mobiles, forces que l'on a appelées FORCES D'ENTRAÎNEMENT (n° **4**).

9. *Évaluation des moments virtuels des forces d'entraînement.*

Je me propose d'exprimer la quantité

$$- \sum (X_e dx + Y_e dy + Z_e dz),$$

qui entre dans l'équation (16), en fonction de la vitesse d'entraînement autour de l'origine mobile O et du déplacement de l'axe instantané.

Si l'on considère le corps m comme lié aux axes mobiles, les composantes de sa vitesse seront

$qz - ry$ dans le sens des x,

$rx - pz$ dans le sens des y,

$py - qx$ dans le sens des z.

Si donc on appelle v_e la vitesse d'entraînement dont on vient d'exprimer les trois composantes, on aura l'équation

$$\sum m v_e^2 = \sum m [(py - qx)^2 + (rx - pz)^2 + (qz - ry)^2],$$

dont le second membre représente le moment d'inertie du système multiplié par le carré de la vitesse angulaire.

Cela posé, pour transformer la valeur de la somme des moments virtuels, je multiplie les équations (13) par $- dx, - dy, - dz$; j'opère de la même manière sur toutes les équations analogues relatives aux autres corps, et j'ajoute les résultats. En ayant égard à la différentielle de l'équation ci-dessus, j'obtiens ainsi

$$- \sum m(X_e dx + Y_e dy + Z_e dz) = \frac{1}{2} \sum md (v_e)^2$$

$$- \frac{1}{dt} \sum m \left\{ \begin{array}{l} [y(py - qx)dt - z(rx - pz)dt + ydz - zdy]dp \\ + [z(qz - ry)dt - x(py - qx)dt + zdx - xdz]dq \\ + [x(rx - pz)dt - y(qz - ry)dt + xdy - ydx]dr \end{array} \right\}.$$

Je vais chercher la signification des multiplicateurs de dp, dq, dr.

dans le second membre de cette équation. Pour cela, je remarque d'abord que les projections de l'espace linéaire parcouru pendant les temps dt par le mobile m, animé de la seule vitesse v_e, sont

$$(qz - ry)dt \text{ parallèlement à l'axe des } x,$$
$$(rx - pz)dt \text{ parallèlement à l'axe des } y,$$
$$(py - qx)dt \text{ parallèlement à l'axe des } z;$$

par conséquent, la quantité

$$y(py - qx)dt - z(rx - pz)dt$$

représente le double de la projection, sur le plan xy, de l'aire décrite pendant l'instant dt autour de l'origine O, par le rayon vecteur du corps m, en vertu du seul mouvement d'entraînement; or les deux termes suivants,

$$ydz - zdy,$$

qui complètent le multiplicateur de dp, expriment le double de l'aire élémentaire décrite par la projection du même rayon vecteur dans son mouvement relatif; donc la somme des deux quantités qui composent le multiplicateur de dp est le double de la projection sur le plan yz de l'aire décrite par le rayon vecteur du mobile m dans son mouvement absolu, sans tenir compte, toutefois, du mouvement de l'origine O. On trouverait de la même manière la signification des multiplicateurs de dq et dr. Quant à ces quantités dp, dq, dr, on peut les regarder comme les différentielles des coordonnées p, q, r, d'un point de l'axe instantané dont la distance au point O est exprimée par $\sqrt{p^2 + q^2 + r^2}$, et représente la vitesse angulaire. Soit $d\sigma$ la différentielle de l'arc de la courbe décrite par ce point, de sorte que l'on ait

$$d\sigma = \sqrt{dp^2 + dq^2 + dr^2};$$

il résulte des explications précédentes que le multiplicateur de m, dans le second membre de la formule ci-dessus, exprime le double produit de l'arc $d\sigma$ par la projection, sur un plan perpendiculaire à sa tangente, de l'aire élémentaire que décrit le mobile m dans son mouvement absolu autour de l'origine O. Si donc on représente cette projection par dN, on aura

$$- \sum (X_r dx + Y_r dy + Z_r dz) = \frac{1}{2} \sum md\, (v_e)^2 - 2 \sum m\, \frac{dNd\sigma}{dt}.$$

10. *Valeur de la somme des forces vives relatives.*

Au moyen de l'expression précédente, l'équation (16) devient

$$(17) \begin{cases} \displaystyle\sum md \left(\frac{dx^2 + dy^2 + dz^2}{dt^2} \right) = 2 \sum (X dx + Y dy + Z dz) \\[2mm] \displaystyle \qquad\qquad - 2 \sum (X'_r dx + Y'_r dy + Z'_r dz) \\[2mm] \displaystyle \qquad\qquad + \sum md\, (v_e)^2 - 4 \sum m\, \frac{dN\, d\sigma}{dt}. \end{cases}$$

En intégrant cette équation, on aura la somme des forces vives du mouvement relatif. Il y a un cas où cette intégration s'effectue sans difficulté, c'est celui où la vitesse angulaire d'entraînement est constante; car on a alors $d\sigma = 0$, et, le dernier terme du second membre disparaissant, on obtient immédiatement son intégrale.

L'équation (17) suffira à la solution des problèmes de mouvements relatifs dont les énoncés fourniront assez de relations pour qu'on puisse exprimer toutes les inconnues en fonction d'une seule variable, outre le temps t. Telle est la question traitée dans le chapitre suivant. Mais si l'on avait à déterminer plusieurs inconnues en fonction du temps, il faudrait alors recourir aux équations (15). On présentera, dans le chapitre III, un exemple de ce genre de problèmes. D'ailleurs les équations ordinaires de la mécanique rationnelle suffiraient pour résoudre les questions de ces deux chapitres; elles n'ont été choisies que parce qu'elles peuvent être traitées par les moyens que fournit la théorie précédente, dont il convient de présenter quelques applications.

CHAPITRE II. — PENDULE CONIQUE DE WATT.

11. *Données et notations* (fig. 1).

Deux poids égaux m et m' sont fixés aux extrémités de deux tiges de même longueur Om et Om'. Ces tiges, sans pesanteur, peuvent tourner autour du point fixe O. Deux autres tiges, μn et $\mu n'$, égales aux premières, sont articulées en n et n' avec celles-ci, et se réunissent au point μ, qui ne peut se mouvoir que dans le sens de la diagonale Oz du quadrilatère $On\mu n'$. Le point μ représente une masse pesante, et la diagonale Oz un axe vertical fixe autour duquel le système a un mouvement de rotation uniforme.

A l'origine de ce mouvement, les tiges On et On' sont écartées de l'axe Oz; la force centrifuge, agissant sur les masses m et m', produit donc, dans le plan vertical mOm', un mouvement relatif qui détermine la figure variable du losange articulé $On\mu n'$; et il s'agit de trouver toutes les circonstances de ce mouvement.

Dans cette question, les équations qui expriment les liaisons des trois mobiles m, m', μ ne laissent à déterminer qu'une seule inconnue en fonction du temps; par conséquent l'équation (17) donnera la solution complète du problème.

Je rapporte le système à l'axe vertical fixe Oz et à un second axe mobile Ox situé dans le plan zOm et perpendiculaire à Oz. Les ordonnées z positives seront prises dans le sens de la pesanteur et les x positives du côté de la masse m. Soient :

g . . . . l'intensité de la pesanteur;

Ω . . . . la vitesse angulaire constante de l'axe Ox autour du point O, ou du plan zOx autour de Oz;

$l = On = On' = \mu n = \mu n'$, la longueur des côtés du losange articulé;

$nl = Om = Om'$ . . . . la longueur des tiges portant les masses tournantes, n étant un coefficient numérique donné;

m. . . . . la valeur de la masse m ou de la masse m' ;

μ. . . . . la valeur de la masse μ ;

$\left.\begin{array}{l} z = \mathrm{OE} \\ x = \mathrm{E}m \end{array}\right\}$ . . . . $\left\{\begin{array}{l}\text{les coordonnées du point matériel } m, \\ \text{rapporté aux axes mobiles, après le} \\ \text{temps } t;\end{array}\right.$

$\left.\begin{array}{l} - x' \\ z \end{array}\right\}$ . . . . $\left\{\begin{array}{l}\text{seront les coordonnées de } m' \text{ au même} \\ \text{instant ;}\end{array}\right.$

$\vartheta = m\mathrm{O}z = m'\mathrm{O}z$. . . . . . l'angle que fait l'une des tiges avec la verticale ;

$\zeta = \mathrm{O}\mu = \dfrac{2z}{n}$ . . . . est l'ordonnée de la masse μ.

12. *Équations du mouvement relatif.*

La question à résoudre consiste à déterminer les trois variables x, z, ζ, en fonction du temps t. Les liaisons du système donnent immédiatement deux équations en quantités finies et deux autres qui résultent de leur différentiation ; on doit y ajouter celle qui exprime que les mobiles ne sortent pas du plan xz, et l'on a

$$(a) \quad \left\{\begin{array}{ll} x^2 + z^2 = n^2 l^2, & 2z = n\zeta, \\ xdx + zdz = 0, & 2dz = nd\zeta, \\ y = 0. & \end{array}\right.$$

L'équation (17), n° **10**, dans laquelle on introduira les données du problème actuel, en complétera la solution.

Il est facile de former le second membre, en remarquant que $v_c = \Omega x$; et l'équation (17) devient

$$d\left(2m \frac{dx^2 + dz^2}{dt^2} + \mu \frac{d\zeta^2}{dt^2}\right) = d\left(4mgz + 2\mu g\zeta + 2m\Omega^2 x^2\right).$$

D'après cette équation, la force qu'il faut ajouter, en raison du mouvement commun, n° **8**, n'est autre que la force centrifuge due au mouvement de rotation autour de l'axe $\mathrm{O}z$.

Supposons qu'à l'origine du mouvement, on ait

$$x = a, \quad z = c, \quad \zeta = \gamma, \quad \frac{dx}{dt} = 0, \quad \frac{dz}{dt} = 0, \quad \frac{d\zeta}{dt} = 0,$$

de sorte que les constantes a, c, γ soient liées par les relations (a) qui donnent

$$a^2 + c^2 = n^2 l^2 \quad \text{et} \quad 2c = n\gamma.$$

Alors, en représentant par $\sum mv^2$ la somme des forces vives relatives du système, on aura

$(b) \qquad \sum mv^2 = 4m\gamma (z - c) + 2\mu g (\zeta - \gamma) + 2m\Omega^2 (x^2 - a^2).$

Au moyen des équations de condition (a), on pourra exprimer ce second membre en fonction d'une seule variable, ζ par exemple. Si l'on veut y introduire l'angle θ et sa valeur initiale α, on aura

$(a') \qquad \zeta = 2l \cos \theta, \quad \gamma = 2l \cos \alpha;$

et l'équation (b) prendra l'une des deux formes suivantes :

$(b') \quad \begin{cases} \sum mv^2 = \dfrac{1}{2} (\zeta - \gamma) [4nmg + 4\mu g - n^2 m\Omega^2 (\zeta + \gamma)] \\ = 2l (\cos \theta - \cos \alpha) [2nmg + 2\mu g - n^2 m\Omega^2 (\cos \theta + \cos \alpha)]. \end{cases}$

Ces équations donnent sans difficulté

$(c) \quad \begin{cases} \dfrac{d\zeta^2}{dt^2} = \dfrac{(4l^2 - \zeta^2)(\zeta - \gamma)[4nmg + 4\mu g - n^2 m\Omega^2 (\zeta + \gamma)]}{2[2n^2 ml^2 + \mu (4l^2 - \zeta^2)]}, \\ \dfrac{d\theta^2}{dt^2} = \dfrac{(\cos \theta - \cos \alpha)[2nmg + 2\mu g - n^2 ml\Omega^2 (\cos \theta + \cos \alpha)]}{(n^2 m + 2\mu \sin^2 \theta)l}. \end{cases}$

L'une de celles-ci, réunie aux deux premières relations (a), déterminera complétement le mouvement du système.

15. *Conditions de l'équilibre entre les poids et les forces centrifuges.*

Considérons chacune des masses m et m' comme sollicitée par deux forces : l'une, exprimée par mg, représente son poids dirigé parallèlement à l'axe Oz ; l'autre, dont la valeur est $m\Omega^2 x$, agit suivant le prolongement du rayon Em ou du rayon Em', et provient de la force

centrifuge due à la rotation autour de l'axe Oz; quant à la masse μ, elle est soumise à l'action d'une seule force μg, dans le sens de l'axe Oz. Si l'on emploie le principe des vitesses virtuelles pour écrire l'équation d'équilibre entre ces cinq forces, on trouve

$$(d) \qquad 2mg\delta z + 2m\Omega^2 x\delta x + \mu g\delta \zeta = 0.$$

Au moyen des équations (a), n° **12**, on pourra éliminer les variations δz, δx et $\delta \zeta$, et ne conserver dans le premier membre qu'une seule des trois inconnues. Soit h la valeur que cette équation donnera pour ζ, et soit β l'inclinaison correspondante de la tige Om sur l'axe Oz, de sorte que l'on ait

$$h = 2l\cos\beta.$$

L'équation d'équilibre donnera

$$(d') \qquad \begin{cases} n^2m\Omega^2 h & = 2(mn + \mu)g, \\ n^2m\Omega^2 l\cos\beta & = (mn + \mu)g. \end{cases}$$

Introduisant h et β dans les équations (b'), n° **12**, on aura

$$(b'') \quad \begin{cases} \displaystyle\sum mv^2 = \frac{(nm + \mu)g}{h}(\gamma - \zeta)(\zeta - 2h + \gamma) \\[2mm] \displaystyle\qquad = \frac{2(nm + \mu)lg}{\cos\beta}(\cos\alpha - \cos\theta)(\cos\theta - 2\cos\beta + \cos\alpha); \end{cases}$$

et les équations (c) du même numéro deviendront

$$(c') \quad \begin{cases} \displaystyle\frac{d\zeta^2}{dt^2} = \frac{(nm + \mu)g}{h} \cdot \frac{(4l^2 - \zeta^2)(\gamma - \zeta)(\zeta - 2h + \gamma)}{2n^2ml^2 + \mu(4l^2 - \zeta^2)}, \\[3mm] \displaystyle\frac{d\theta^2}{dt^2} = \frac{(nm + \mu)g}{l\cos\beta} \cdot \frac{(\cos\alpha - \cos\theta)(\cos\theta - 2\cos\beta + \cos\alpha)}{n^2m + 2\mu\sin^2\theta}. \end{cases}$$

14. *Discussion.*

Les formules que l'on vient d'obtenir donnent lieu aux remarques suivantes :

1°. *Le parallèle sur lequel les masses* m *et* m' *devraient tourner pour que les forces centrifuges fissent équilibre aux poids, est situé au-dessous de l'équateur.* Ce qui était facile à prévoir.

Ce cercle n'existerait pas si l'on avait

$$h > 2l; \quad \text{d'où} \quad \Omega^2 < \frac{(nm + \mu)g}{n^2ml}.$$

2°. *Chaque mobile a un mouvement oscillatoire,* et les limites des excursions sont déterminées par les valeurs

$$\zeta = \gamma, \quad \zeta = 2h - \gamma.$$

Si la seconde était plus grande que $2l$, les masses m et m' se croiseraient sur l'axe Oz.

3°. *Le milieu de l'espace parcouru par le mobile μ sur l'axe Oz correspond au point qu'il devrait occuper pour qu'il y eût équilibre entre les poids et les forces centrifuges.*

4°. *La somme des forces vives atteint son maximum lorsque les mobiles passent par les positions qu'ils devraient occuper pour que les forces centrifuges fissent équilibre aux poids; ou, plus généralement, la somme des forces vives atteint son maximum quand les mobiles arrivent aux positions où ils seraient en équilibre s'ils y étaient placés sans vitesse acquise.*

5°. *Si les boules m et m' commencent à tourner sur le parallèle où les forces centrifuges font équilibre aux poids, ce parallèle sera la trajectoire des masses tournantes, et le corps μ restera immobile.* Cette conséquence est évidente à priori.

6°. Lorsque le numérateur de la valeur de $\dfrac{d\zeta^2}{dt^2}$ contient un binôme carré, et que le dénominateur est constant, l'expression de t dépend de l'intégration d'une différentielle de la forme

$$\frac{d\zeta}{(\zeta - a)\sqrt{(\zeta + a)(\zeta - b)}},$$

dont l'intégrale indéfinie est

$$\int \frac{d\zeta}{(\zeta-a)\sqrt{(\zeta+a)(\zeta-b)}} = \frac{1}{\sqrt{2a(a-b)}} \log \frac{\sqrt{(a-b)(\zeta+a)} - \sqrt{2a(\zeta-b)}}{\sqrt{(a-b)(\zeta+a)} + \sqrt{2a(\zeta-b)}} \cdot c,$$

c étant une constante arbitraire.

7°. *Si, à l'origine du mouvement, les tiges Om et Om' sont verticales, elles conserveront toujours cette position, et les corps resteront immobiles.* Ce qui est évident.

8°. *Quand le parallèle sur lequel les forces centrifuges font équi-*

3.

*libre aux poids, partage en deux parties égales la distance verticale
du point de départ de l'un des mobiles* m *à la position qu'il occupe-
rait sur l'axe* Oz *si la tige* Om *était verticale, alors les mobiles des-
cendent continuellement en tendant vers la limite inférieure de leurs
excursions, qu'ils ne peuvent atteindre qu'après un temps infini.*

15. *Intégration de l'équation du mouvement.*

La valeur de t en fonction de ζ ou de θ, déterminée par les équations (c'), paraît être une transcendante d'un ordre plus élevé que
les fonctions elliptiques. Mais on obtiendra, au moyen de ces fonctions, une valeur suffisamment approchée de l'inconnue quand les
constantes de l'équation (c') se rapprocheront des données ordinaires
de la pratique. Alors, en effet, la quantité μ représente la masse
d'une soupape qui est très-petite par rapport à celles des boules m; on
pourra donc négliger les termes qui contiennent le facteur μ. Nous
admettrons encore les hypothèses suivantes :

$$\gamma > 0, \quad 2h - \gamma > 0, \quad h < 2l, \quad \gamma > h.$$

Avec ces conditions, la seconde équation (c'), n° **13**, pourra être
écrite ainsi :

$$(c'') \qquad \frac{d\theta^2}{dt^2} = \frac{2g}{nl(a+b)}(b - \cos\theta)(\cos\theta - a);$$

on a fait ici, pour abréger,

$$a = 2\cos\beta - \cos\alpha, \quad b = \cos\alpha;$$

et, d'après les hypothèses précédentes, on a

$$0 < a < 1, \quad 0 < b < 1, \quad a < b.$$

La valeur de t, en fonction de θ, donnée par l'équation (c''), dépend d'une transcendante elliptique de première espèce. Pour la ra-
mener à cette forme, on posera

$$\cos\theta = \frac{A + B\sin\varphi}{1 + AB\sin\varphi}.$$

Les constantes A et B seront déterminées par les équations

$$b - A = B(1 - Ab) \quad \text{et} \quad A - a = B(1 - Aa),$$

qui peuvent être remplacées par l'un des systèmes suivants :

$$(a+b)A^2 - 2(1+ab)A + a + b = 0, \quad \left\{ \begin{array}{l} (b-a)B^2 - 2(1-ab)B + b - a = 0, \\ (a+b)A - (b-a)B = 2ab \end{array} \right.$$
$$(a+b)A - (b-a)B = 2ab; \quad \text{ou}$$

En ayant égard à ces équations et aux relations qui existent entre a et b, on voit

1°. Que chacune des équations du second degré en A et B a ses deux racines réelles et positives;

2°. Que l'on doit prendre la plus grande des valeurs de A avec la plus grande des valeurs de B, ou bien réunir les plus petites valeurs de ces deux constantes : ce sont ces dernières que nous choisirons;

3°. Que, dans ce cas, les quantités A et B sont moindres que l'unité;

4°. Que l'on a

$$a < A < b, \quad \frac{a+b}{2} < A < \frac{a+b}{2ab}, \quad B < A.$$

Enfin, toutes ces valeurs étant introduites dans l'équation (c''), on trouve

$$dt = \sqrt{\frac{nl(a+b)A}{g(a+b-2abA)}} \cdot \frac{d\varphi}{\sqrt{1 - B^2 \sin^2 \varphi}};$$

la valeur de t sera donc donnée par une fonction elliptique de première espèce, et l'on aura, conformément à la notation de Legendre,

$$t = \sqrt{\frac{nl(a+b)A}{g(a+b-2abA)}} \, F(B, \varphi),$$

l'angle φ étant déterminé, au moyen de θ, par l'équation

$$\sin \varphi = \frac{\cos \theta - A}{B(1 - A \cos \theta)};$$

on aura donc le temps en fonction de l'arc décrit, et réciproquement.

Pour connaître la durée d'une oscillation, je remarque que les limites de $\cos \theta$ sont a et b; je porte ces valeurs dans l'expression de $\sin \varphi$, en ayant égard aux équations qui déterminent A et B, et je trouve que les limites correspondantes de $\sin \varphi$ sont

$$\frac{a-A}{B(1-Aa)} = -1 \quad \text{et} \quad \frac{b-A}{B(1-Ab)} = +1.$$

Ainsi les limites de φ sont $\frac{3\pi}{2}$ et $\frac{5\pi}{2}$, ou, ce qui revient au même, o et π; on aura donc la durée d'une oscillation en remplaçant dans la valeur de t la quantité $F(B, \varphi)$ par le double de la fonction complète $2F'(B)$.

La valeur de θ correspondante à la fonction complète $F'(B)$, c'est-à-dire l'arc décrit pendant un temps égal à la moitié de la durée d'une oscillation, sera donnée par la condition $\sin \varphi = o$, d'où l'on conclut $\cos \theta = A$. Ainsi, le point déterminé par cette valeur n'est ni le milieu de l'arc décrit, ni la position où un mobile serait en équilibre s'il y arrivait sans vitesse acquise.

16. *Durée des petites oscillations.*

Lorsque les masses m commencent à tourner sur un parallèle très-voisin de celui qu'elles devraient occuper pour que les forces centrifuges fissent équilibre aux poids, alors la différence $b - a$ est très-petite, et la valeur de A se rapproche beaucoup de celles de a et b. Quant à la quantité B, on peut la mettre sous la forme

$$B = \frac{b - a}{1 - ab + \sqrt{(1 - a^2)(1 - b^2)}} ;$$

d'où l'on conclut que B est un nombre très-petit, comparable à $b - a$. Ainsi le module B de la transcendante $F(B, \varphi)$ est très-petit; par conséquent la fonction complète se réduit à $\frac{\pi}{2}$, et la durée d'une oscillation est représentée par

$$\pi \sqrt{\frac{nl}{g} \frac{(a + b)A}{a + b - 2abA}}.$$

Cette formule montre que la durée des petites oscillations du pendule conique dépend du point de départ des boules tournantes et de la grandeur de l'arc de cercle qu'elles décrivent dans leur mouvement relatif.

Si l'on voulait comparer la durée d'une oscillation à celle d'une demi-révolution autour de l'axe Oz, on verrait facilement que, d'après les notations admises, cette dernière quantité est exprimée par

$$\pi \sqrt{\frac{nl}{g}(a+b)}, \text{ etc.}$$

17. *Mouvement absolu.*

Les variables x, z et ζ étant déterminées en fonction du temps, on obtiendra facilement les coordonnées des mobiles rapportés aux axes fixes des x_i, y_i, z_i, n° 1. En effet, puisque les axes mobiles ont un mouvement de rotation uniforme autour de l'axe $O_i z_i$ ou Oz, avec une vitesse angulaire Ω, on a

$$x_i = x \cos \Omega t, \quad y_i = x \sin \Omega t, \quad z_i = z,$$

en supposant qu'à l'origine du mouvement, l'axe des x ait coïncidé avec l'axe des x_i.

CHAPITRE III. — DIVERS EFFETS DE LA FORCE CENTRIFUGE.

18. *Mouvement d'un corps grave tournant uniformément dans un plan vertical* (fig. 2).

Une tige Ox tourne uniformément autour du point O dans le plan vertical $x_i O z_i$; un mobile pesant m est astreint à rester sur cette tige, avec la liberté de glisser dans le sens de sa longueur : déterminer le mouvement du corps m.

Je prends pour axes coordonnés l'horizontale Ox_i et la verticale Oz_i passant par le point fixe O. Le système mobile sera réduit au seul axe Ox sur lequel le mobile m doit rester. D'après cela on a les deux conditions

$$y = 0, \quad z = 0.$$

Pour former la troisième équation du problème, j'adopterai les notations du n° **11** ; et, en introduisant les données de la question dans les formules (13) et (15), j'obtiendrai

$$\frac{d^2 x}{dt^2} = \Omega^2 x + g \sin \Omega t.$$

On sait trouver l'intégrale de cette équation linéaire qui détermine ainsi le mouvement relatif du mobile. Le mouvement absolu se déduirait de la solution précédente au moyen des équations

$$x_1 = x \cos \Omega t, \quad z_1 = x \sin \Omega t.$$

19. *Mouvement d'un corps sur une tige horizontale tournant uniformément.*

L'équation précédente peut servir à déterminer le mouvement d'un appareil que l'on trouve dans les cabinets de physique : c'est une tige horizontale tournant sur un pivot vertical, et portant des boules que la force centrifuge éloigne du centre de rotation. Il suffit, en effet, de supposer $g = o$ pour que la solution précédente convienne au cas actuel. Alors l'équation du mouvement relatif est

$$\frac{d^2 x}{dt^2} = \Omega^2 x ;$$

et la trajectoire du mobile, dans son mouvement absolu, est une spirale dont l'équation polaire a la même forme que celle de la chaînette en coordonnées rectilignes ; etc.

20. *Mouvement d'un point pesant dans un plan vertical tournant uniformément* (fig. 3).

Un mobile pesant m est assujetti à rester dans le plan vertical xOz_1 qui tourne uniformément autour de l'axe vertical Oz_1 ; déterminer le mouvement de ce point.

Comme il s'agit ici d'un corps pesant qui se meut librement dans un plan, la question de mécanique proposera nécessairement la recherche de deux inconnues, outre la variable t ; par conséquent l'équation (17) du n° **10** sera insuffisante pour la résoudre, et il faudra recourir aux formules (15), n° **6**.

Je rapporte le mobile à l'axe vertical Oz_1 et à l'horizontale Ox menée par un point O pris à volonté sur Oz_1. Ces deux axes suffisent pour le mouvement relatif. En conservant toujours les mêmes notations, on fera dans les formules (13) et (15)

$$y = 0, \quad r = \Omega, \quad p = 0, \quad q = 0;$$

$$X'_e = 0, \quad Y'_e = 0, \quad Z'_e = 0, \quad X = 0, \quad Y = 0, \quad Z = mg.$$

La première de ces égalités est ici la seule équation de condition dont les dérivées doivent entrer dans les seconds membres des équations (15). En ne tenant point compte de la seconde de ces équations, qui ne peut servir qu'à l'évaluation d'une pression, on trouve, pour déterminer le mouvement,

$$\frac{d^2x}{dt^2} = \Omega^2 x, \qquad \frac{d^2z}{dt^2} = g.$$

On a ainsi une équation pour déterminer séparément chacune des variables x et z en fonction du temps ; de sorte que les changements de l'une des coordonnées sont indépendants de ceux de l'autre. On conclut encore de là que le mouvement de la projection horizontale du mobile est le même que celui qui aurait lieu si la pesanteur était détruite par une tige horizontale, comme dans la question du n° **19**, et que le mouvement dans le sens de la gravité est le même que celui d'un corps qui tomberait librement.

On passera facilement de ces équations à celles qui déterminent le mouvement absolu.

Pour connaître le mouvement du rayon vecteur Om qu'on peut regarder comme une tige tournant en tous sens autour du point O, il suffit de trouver, en fonction du temps t, l'angle de cette droite avec l'axe Oz, et l'angle de son plan xOz_1 avec le plan x_1Oz_1 : or celui-ci est exprimé par Ωt; quant au premier, sa tangente trigonométrique

4

est égale au rapport $\frac{x}{z}$; la question sera donc résolue complétement quand on aura intégré les deux équations précédentes.

L'examen des positions successives de la tige présente une circonstance singulière : c'est que, malgré la chute verticale du point matériel m, son rayon vecteur, au lieu de tendre constamment vers l'axe Oz_1, s'approche d'abord de cette droite, remonte ensuite vers l'axe horizontal Ox avec lequel il tend à se confondre et qu'il n'atteint qu'après un temps infini. En effet, z est représenté par un polynôme du second degré en t, et x contient les exponentielles $e^{\Omega t}$ et $e^{-\Omega t}$; par conséquent le rapport $\frac{x}{z}$ ne peut pas être nul, mais il tend vers l'infini, à mesure que le temps augmente. Il résulte de cette remarque que l'angle dont la tangente est $\frac{x}{z}$ doit avoir une valeur minimum. Pour donner un exemple de la recherche de cette valeur, supposons que le mobile m soit parti, sans vitesse initiale, d'un point de l'axe Ox_1 situé à une distance l de l'origine; alors on aura

$$x = \frac{l}{2}(e^{\Omega t} + e^{-\Omega t}), \qquad z = \frac{gt^2}{2};$$

d'où

$$\frac{x}{z} = \frac{l}{g} \cdot \frac{e^{\Omega t} + e^{-\Omega t}}{t^2} = \frac{l\Omega^2}{g} \cdot \frac{e^{\theta} + e^{-\theta}}{\theta^2},$$

en posant, pour abréger,

$$\Omega t = \theta;$$

de sorte que θ représente l'angle décrit par la projection horizontale de la tige.

La valeur de θ, qui correspond au minimum de $\frac{x}{z}$, est déterminée par l'équation transcendante

$$\theta = 2 \frac{e^{2\theta} + 1}{e^{2\theta} - 1},$$

qui donne la valeur approchée $\theta = 2{,}06$, à laquelle correspond un angle de 118° à peu près.

On conclut de là que l'inclinaison de la tige sur le plan horizontal $x_1 O y_1$ atteint son maximum quand le plan $x O z_1$ a tourné de 118° environ, et que cette quantité angulaire est indépendante de la vitesse du mouvement de rotation, de l'intensité de la pesanteur et de la position du point de départ du mobile sur l'axe $O x_1$.

21. *Des pressions.*

Les questions qu'on vient de résoudre sont des problèmes de mécanique dans lesquels les coordonnées des mobiles sont liées par des équations qui contiennent le temps explicitement, et par conséquent on aurait pu traiter ces questions en introduisant, dans les équations ordinaires du mouvement, des termes proportionnels aux premières dérivées des équations qui expriment les liaisons dont il s'agit. Or ces termes représentent les composantes des pressions que supportent les mobiles en raison des conditions auxquelles ils sont assujettis. Il faudrait donc, pour compléter les solutions présentées ici, donner le calcul de ces forces et des autres pressions provenant des liaisons des mobiles entre eux ou avec des objets fixes. Ainsi l'équation $y = 0$, qui fait partie du groupe (a), n° **12**, et qui entre aussi dans la question du n° **20**, exprime que les mobiles ne sortent pas du plan $x O y$ dont le mouvement est connu. Cette équation, qui, dans la recherche directe du mouvement absolu, serait remplacée par une relation entre les coordonnées et la variable t, n'a été d'aucune utilité pour la détermination du mouvement relatif; et il n'y aurait lieu d'y avoir égard que si l'on voulait évaluer les forces provenant des conditions auxquelles le système doit satisfaire.

Mais on se dispensera de donner ici ce complément, qui peut être obtenu facilement quand les coordonnées des mobiles, dans leur mouvement absolu, sont déterminées en fonction du temps. On sait, en effet, que les formules de la mécanique donnent alors autant d'équations du premier degré qu'il y a de composantes de pressions in-

4.

connues à déterminer; et qu'ainsi l'élimination fait connaître ces forces en grandeur et en direction.

Vu et approuvé,

Le 3o Janvier 1843.

Le Doyen de la Faculté des Sciences,

DUMAS.

Permis d'imprimer,

L'Inspecteur général des Études,

chargé de l'administration de l'Académie de Paris,

ROUSSELLES.

THÈSE D'ASTRONOMIE.

SUR DEUX CAS PARTICULIERS

D'UN

PROBLÈME DES TROIS CORPS.

CHAPITRE Iᵉʳ. — ÉQUATIONS DIFFÉRENTIELLES LINÉAIRES.

1. *Équation linéaire à deux variables.*

Soit l'équation

$$(N + N_1\tau + ... + N_n\tau^n)\frac{d^2x}{d\theta^2} + (P + P_1\tau + ... + P_n\tau^n)\frac{dx}{d\theta} + (Q + Q_1\tau + ... + Q_n\tau^n)x = 0,$$

dans laquelle $N, N_1, ..., P, ..., Q, ...,$ sont des constantes, θ la variable indépendante, et $\tau = \tang\theta$; trouver les conditions nécessaires pour que cette équation soit satisfaite par une valeur de la forme

$$x = (A \cos\theta + B \sin\theta)e^{\alpha\theta},$$

A, B et α étant des coefficients à déterminer.

Si l'on pose, pour abréger,

$$H_i = N_i\alpha^2 + P_i\alpha - N_i + Q_i, \quad K_i = 2N_i\alpha + P_i,$$

i étant un nombre entier qui prend toutes les valeurs de 0 à n, les deux équations du second degré

$$H - H_2 + H_4 - ... = -K_1 + K_3 - ...,$$
$$K - K_2 + K_4 - ... = H_1 - H_3 + ...,$$

devront admettre une valeur commune pour α. Il faudra encore que cette valeur satisfasse à d'autres équations dont le nombre dépend du degré n.

Corollaire I. — Cas où la valeur de x est une exponentielle.

Corollaire II. — Cas où l'équation différentielle est d'un ordre supérieur.

Corollaire III. — Cas où l'on peut obtenir l'intégrale complète de l'équation proposée.

2. *Équations simultanées.*

Cas général. — Examen des deux équations

$$(N + N_1\tau + N_2\tau^2)\frac{d^2x}{d\theta^2} + (P + P_1\tau + P_2\tau^2)x + (Q + Q_1\tau + Q_2\tau^2)y = 0,$$

$$(N_2 - N_1\tau + N\tau^2)\frac{d^2y}{d\theta^2} + (P_2 - P_1\tau + P\tau^2)y - (Q_2 - Q_1\tau + Q\tau^2)x = 0.$$

Pour que ces deux équations admettent la solution

$$x = (A\cos\theta + B\sin\theta)e^{\alpha\theta}, \quad y = (-B\cos\theta + A\sin\theta)e^{\alpha\theta},$$

on trouve des conditions exprimées par les équations du numéro précédent, dans lesquelles on a

$$H_i = N_i\alpha^2 - N_i + P_i, \quad K_i + 2N_i\alpha - Q_i.$$

Corollaire. Si les équations proposées étaient

$$(1 + \tau^2)\frac{d^2x}{d\theta^2} + [P + (Q_2 - Q)\tau + P_2\tau^2]x + [Q + (P - P_2)\tau + Q_2\tau^2]y = 0,$$

$$(1 + \tau^2)\frac{d^2y}{d\theta^2} + [P_2 + (Q - Q_2)\tau + P\tau^2]y - [Q_2 + (P_2 - P)\tau + Q\tau^2]x = 0,$$

la méthode précédente donnerait leurs intégrales complètes.

CHAP. II. — Solutions connues du Problème des trois corps.

3. *Équations différentielles du mouvement.*

Trois masses ou points matériels M, m, m', sont soumis à leurs attractions mutuelles, supposées proportionnelles aux masses et à une fonction φ des distances. Le système, qui reste toujours dans le même plan, est rapporté à deux axes rectangulaires passant par le centre de gravité G. On adopte les notations suivantes :

X et Y sont les coordonnées de M à un instant donné.

$X + x$ et $Y + y$ celles de m au même instant,

$X + x'$ et $Y + y'$ celles de m' au même instant ;

$$r^2 = x^2 + y^2 = \overline{Mm}^2,$$
$$r'^2 = x'^2 + y'^2 = \overline{Mm'}^2,$$
$$\rho^2 = (x - x')^2 + (y - y')^2 = \overline{mm'}^2,$$
$$\mu = M + m + m'.$$

Équations du mouvement autour du centre de gravité.

Équations du mouvement autour de la masse M.

4. *Conditions nécessaires pour que le mouvement soit de même nature que celui de deux corps.*

Il faut d'abord que, pendant tout le mouvement, les coordonnées soient liées par les deux équations

$$(xy' - yx') \left[\frac{\varphi(r')}{r} - \frac{\varphi(\rho)}{\rho} \right] = 0,$$
$$(xy' - yx') \left[\frac{\varphi(r)}{r} - \frac{\varphi(\rho)}{\rho} \right] = 0,$$

ce qui donne deux solutions.

5. *Première solution.*

Les forces d'attraction doivent être proportionnelles à une puissance n des distances. Les équations du mouvement sont

$$\frac{d^2 x}{dt^2} + \lambda^2 x r^{n-1} = 0, \quad \frac{d^2 y}{dt^2} + \lambda^2 y r^{n-1} = 0,$$
$$x = kx, \quad y' = ky, \quad r' = kr, \quad \rho = (k - 1)r;$$

les quantités k et λ sont des constantes qui dépendent des valeurs relatives des masses.

Ainsi les trois corps sont rangés en ligne droite.

Remarque sur les valeurs négatives de k.

6. *Seconde solution.*

Les équations du mouvement sont

$$\frac{d^2x}{dt^2} + \frac{\mu x}{r} \varphi(r) = 0, \qquad \frac{d^2y}{dt^2} + \frac{\mu y}{r} \varphi(r) = 0,$$

$$x' = \frac{x - py}{2}, \quad y' = \frac{y + px}{2}, \quad r = r' = \rho,$$

la constante p étant déterminée par l'équation

$$p^2 = 3.$$

Ainsi les mobiles occupent constamment les trois sommets d'un triangle équilatéral.

7. *Objet des deux chapitres suivants.*

————— ••• —————

CHAP. III. — Développement de la première solution.

8. *Mouvement autour de la masse* M.

Les expressions de la force tangentielle, de la force centripète et de rayon de courbure de la trajectoire sont les mêmes que les quantités analogues relatives au mouvement de deux corps.

9. *Mouvement autour du centre de gravité.*

1° Chaque corps se meut comme s'il était attiré par le centre de gravité. 2° Les trois mobiles sont toujours en ligne droite. 3° Les trois trajectoires sont des courbes semblables et semblablement placées. 4° Les forces et les vitesses des trois corps sont parallèles et proportionnelles aux rayons vecteurs.

10. *Conditions initiales du mouvement.*

1° Les trois masses sont en ligne droite. 2° Leurs distances au centre de gravité sont déterminées par les proportions

MG : mG : m'G :: $-(m+km')$: M$+(1-k)m'$: kM$+(k-1)m$.

3° Leurs vitesses sont parallèles et proportionnelles aux constantes ci-dessus.

11. *Conditions d'équilibre de l'un des trois corps.*

Il faut que les deux autres soient égaux et également distants du premier.

12. *Application à la loi de Newton.*

Équations du mouvement :

$$\frac{d^2x}{dt^2} + \lambda^2 \frac{x}{r^3} = 0, \quad \frac{d^2y}{dt^2} + \lambda^2 \frac{y}{r^3} = 0,$$

$$x' = (1+p)x, \quad y' = (1+p)y,$$

$$r' = (1+p)r, \quad \rho = pr.$$

Équations qui déterminent les constantes λ et $p = k-1$:

$$M+m+\frac{m'}{(1+p)^2} - \frac{m'}{p^2} = \frac{M+m'}{(1+p)^3} + \frac{m}{1+p} + \frac{m}{p^2(1+p)} = \lambda^2.$$

La première donne une seule valeur positive pour p ; et cette valeur est moindre que l'unité quand on a M $> m'$.

Lorsque m et m' sont très-petits par rapport à M, on a approximativement

$$p = \sqrt[3]{\frac{m+m'}{3M}}.$$

Dans le cas où les trois masses sont celles du Soleil, de la Terre et de la Lune, cette valeur est $\frac{1}{100}$.

Conséquence que Laplace a tirée de ce résultat. Nécessité d'examiner si le mouvement est stable.

13. *Équations différentielles du mouvement troublé un tant soit peu.*

Les valeurs de x' et y' étant supposées différer très-peu de celles

5

du n° **12**, on prend les valeurs

$$x' = (1+p)(x+\xi), \quad y' = (1+p)(y+\eta),$$

dans lesquelles ξ et η sont des quantités très-petites dont on négligera les secondes dimensions. Ces nouvelles variables doivent satisfaire aux équations différentielles

$$\frac{d^2\xi}{dt^2} + \frac{\lambda'^2}{r^3}\left[\xi - \frac{3x(\xi x + \eta y)}{r^2}\right] = 0,$$

$$\frac{d^2\eta}{dt^2} + \frac{\lambda'^2}{r^3}\left[\eta - \frac{3y(\xi x + \eta y)}{r^2}\right] = 0,$$

où l'on a fait

$$\frac{M - pm'}{(1+p)^3} + \frac{m + (1+p)m'}{p^3} = \lambda'^2.$$

14. *Intégration des équations du mouvement troublé.*

Si l'on néglige l'excentricité de l'orbite terrestre, on a

$$x = r\cos\theta, \quad y = r\sin\theta;$$

θ étant une expression du premier degré en t; et les équations différentielles précédentes sont un cas particulier de celles du corollaire du n° **2**.

Si l'on suppose $B = 1$, les constantes A et α seront déterminées par les relations

$$\frac{\lambda^2\alpha^2 - \lambda^2 + \lambda'^2}{2\lambda^2\alpha} = \frac{2\lambda^2\alpha}{-\lambda^2\alpha^2 + \lambda^2 + 2\lambda'^2} = A,$$

et les valeurs de ξ et η seront celles qui ont été données n° **2**.

15. *Valeurs des constantes déterminées α et A.*

Les quatre valeurs de la première constante sont de la forme

$$\alpha, \quad -\alpha, \quad \alpha'\sqrt{-1}, \quad -\alpha'\sqrt{-1},$$

et les valeurs correspondantes de la seconde sont

$$A, \quad -A, \quad A'\sqrt{-1}, \quad -A'\sqrt{-1},$$

α, α', A et A' étant des nombres réels et positifs.

Les deux rapports $\frac{A}{\alpha}$ et $\frac{A'}{\alpha'}$ sont inégaux.

16. *Détermination des constantes introduites par l'intégration.*

On évalue ces constantes au moyen des conditions initiales du mouvement, et l'on reconnaît qu'elles ne peuvent être infinies.

17. *État du mouvement des trois corps.*

Quelles que soient les conditions initiales du mouvement, celui qui est déterminé par les équations du n° **12** est dans un état instable.

----- ◦◦◦ -----

CHAP. IV. — Développement de la seconde solution.

18. *Mouvement autour de la masse* M. (Voir le n° **8**.)

19. *Mouvement autour du centre de gravité.*

1°. Le mouvement de chaque mobile est le même que celui d'un corps attiré par le centre de gravité; 2° le triangle déterminé par les trois points matériels est toujours équilatéral; 3° les trois trajectoires sont semblables, etc.

20. *Conditions initiales du mouvement.*

1°. Les trois corps occupent les trois sommets d'un triangle équilatéral; 2° leurs vitesses sont également inclinées sur les rayons vecteurs partant du centre de gravité; 3° ces vitesses sont proportionnelles aux rayons vecteurs correspondants.

21. *Application à la loi de Newton.*

Les équations du mouvement sont

$$\frac{d^2x}{dt^2}+\frac{\mu x}{r^3}=0, \quad \frac{d^2y}{dt^2}+\frac{\mu y}{r^3}=0,$$

$$x'=\frac{x-py}{2}, \quad y'=\frac{y+px}{2}, \quad r=r'=\rho.$$

22. *Équations différentielles du mouvement troublé un tant soit peu.*

En suivant une marche analogue à celle du n° **13**, on prend

$$x' = \frac{x + \xi - p(y + \eta)}{2}, \quad y' = \frac{y + \eta + p(x + \xi)}{2},$$

et l'on a les deux équations

$$\{r\cdot\frac{d^2\xi}{dt^2}\left\{\begin{array}{l} +[(4M - 5m - 5m')y^2 + 6p(m - m')xy + (m + m' - 8M)x^2]\xi \\ +[3p(m - m')y^2 + 6(m + m' - 2M)xy + 3p(m' - m)x^2]\eta\end{array}\right\} = 0,$$

$$\{r\cdot\frac{d^2\eta}{dt^2}\left\{\begin{array}{l} +[(m + m' - 8M)y^2 + 6p(m' - m)xy + (4M - 5m - 5m')x^2]\eta \\ +[3p(m - m')y^2 + 6(m + m' - 2M)xy + 3p(m' - m)x^2]\xi\end{array}\right\} = 0.$$

23. *Intégration des équations du mouvement troublé.*

En admettant les hypothèses du n° **14**, les deux équations précédentes prennent la forme de celles du corollaire du n° **2**. La constante α est déterminée par l'équation simple et symétrique

$$4\mu^2\alpha^4 + 4\mu^2\alpha^2 + 27 (Mm + Mm' + mm') = 0.$$

24. *Condition de stabilité du mouvement.*

Il résulte de l'équation précédente qu'en arrêtant les approximations aux premières dimensions de ξ et η, le mouvement sera stable lorsqu'on aura

$$\frac{(M + m + m')^2}{Mm + Mm' + mm'} > 27.$$

Ainsi la stabilité a lieu si l'une des masses est très-grande par rapport aux deux autres, comme cela arrive pour le Soleil, la Terre et la Lune.

Vu et approuvé,

Le 30 Janvier 1843,

LE DOYEN DE LA FACULTÉ DES SCIENCES,

DUMAS.

Permis d'imprimer,

L'INSPECTEUR GÉNÉRAL DES ÉTUDES,

chargé de l'administration de l'Académie de Paris,

ROUSSELLES.

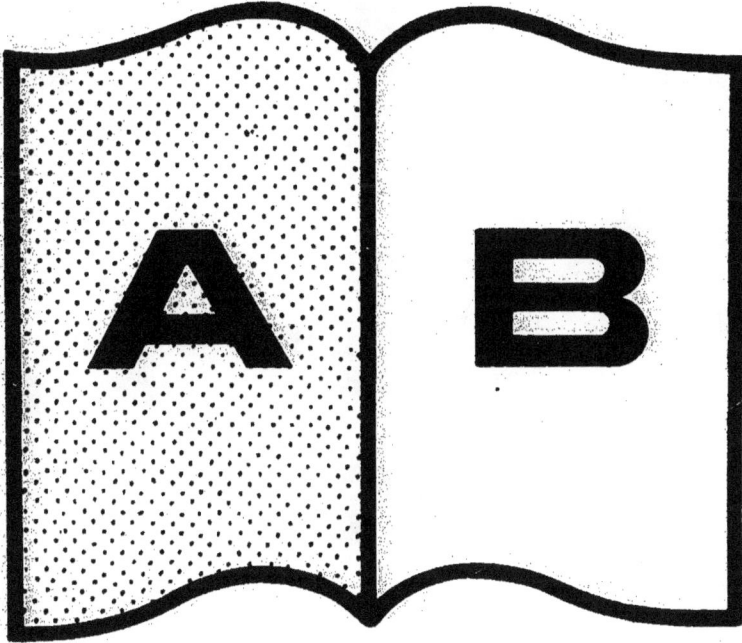

Contraste insuffisant

NF Z 43-120-14

www.ingramcontent.com/pod-product-compliance
Lightning Source LLC
Chambersburg PA
CBHW060508210326
41520CB00015B/4145